图书在版编目（CIP）数据

古代建筑奇迹 / (英) 萨伦娜·泰勒著 ; (英) 莫雷
诺·基亚基耶拉 , (英) 米歇尔·托德绘 ; 周鑫译 . --
北京 : 中信出版社 , 2021.1（2022.7 重印）
（小小建筑师）
书名原文 : Ancient Homes
ISBN 978-7-5217-2377-9

Ⅰ . ①古… Ⅱ . ①萨… ②莫… ③米… ④周… Ⅲ .
①古建筑 – 世界 – 少儿读物 Ⅳ . ① TU-091

中国版本图书馆 CIP 数据核字 (2020) 第 210527 号

Ancient Homes
Written by Saranne Taylor Illustrated by Moreno Chiacchiera and Michelle Todd
Copyright © 2014 BrambleKids
Simplified Chinese translation copyright © 2021 by CITIC Press Corporation

古代建筑奇迹
（小小建筑师）

著　者：[英]萨伦娜·泰勒
绘　者：[英]莫雷诺·基亚基耶拉　[英]米歇尔·托德
译　者：周鑫
出版发行：中信出版集团股份有限公司
　　　　（北京市朝阳区惠新东街甲4号富盛大厦2座　邮编　100029）
承　印　者：北京尚唐印刷包装有限公司

开　本：787mm×1092mm　1/12　　印　张：3　　字　数：40千字
版　次：2021年1月第1版　　印　次：2022年7月第3次印刷
京权图字：01-2020-6479
书　号：ISBN 978-7-5217-2377-9
定　价：20.00元

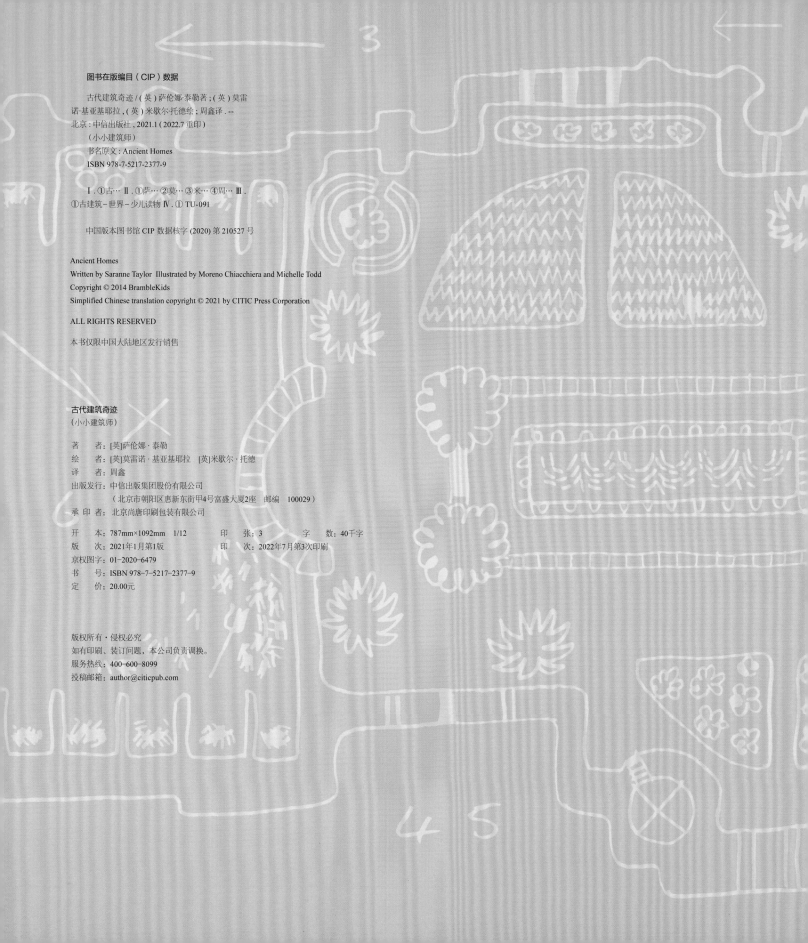

古代建筑奇迹

[英] 萨伦娜·泰勒 著

[英] 莫雷诺·基亚基耶拉

[英] 米歇尔·托德 　绘

周鑫 　译

中信出版集团｜北京

目　录

走近古代建筑

古代是什么样的？古代人建造了什么样的房子？

多亏了科学家和考古学家——那些专门研究古代建筑和古代遗迹的人，我们才能多多地了解那些生活在古代，甚至是1.2万年前的了不起的建筑师和工程师！原来，他们与我们之间的区别，并没有你想象的那么大。

他们精心规划城市，设计建造了许多高大的房屋和气派的神庙。有些设计很是高明巧妙，直到今天还被沿用；有些建筑非常坚固，至今屹立不倒。

也门哈德拉毛省的希巴姆古城

2

希巴姆泥塔

希巴姆是一座令人惊叹的城市，它位于阿拉伯半岛的也门境内，地理位置非常重要，商人们过去常常在这里停下来交易货物。希巴姆城中的一些建筑建于1000多年前，我们今天能看到的大部分都建于16世纪，距今也有400多年了！

希巴姆城中的房子是古代住宅建筑的一个范例。这里所有的房子都是用晒干的泥砖或黏土建造的。黏土是古代建筑经常使用的一种材料，有的建筑也会用黏土来做装饰。

希巴姆城令人啧啧称奇的另一个原因，就是这些像塔楼一样的建筑物。它也因此被称为全世界最古老的摩天都市。

希巴姆城四周环绕着高大的防御城墙，城内有纵横交错的街道，这些都来自数百年前建筑师的巧妙设计和规划。

考古学家眼中的希巴姆

这些古老的房子都是塔楼式建筑，为了避开危险的洪水，他们紧挨着建在河谷边的一个小山丘上。

高高的城墙环绕在城市四周，可以抵御敌人。

这些建筑很狭窄，通常每层只有一两个房间。

窗户建得很高，为的是防御敌人。

城市采用棋盘式的布局，看上去井然有序。

为了维护和修缮建筑物，每隔几年，人们就会给它们涂上一层新泥。

考古学家们通过研究像希巴姆这样的古城遗址，来了解古代人以及他们的生活方式。

在希巴姆这样的古城附近经常能发现一些有趣的遗迹，它们甚至可能是更古老建筑的遗址。

塔楼式建筑

宫殿

河流

城门

城墙

考古学家

古代遗址

遗迹

城镇规划

这里是墨西哥的奇琴伊察古城遗址。它建于1400多年前，是当时的建筑师根据人们的需求特地设计的。他们创建的这座城市看上去井然有序，尽管已经非常古老了，却依然能为我们今天的城镇规划提供参考。

大神庙

金字塔

金字塔阶梯

球场

奇琴伊察的金字塔与球场

这张图展示了住宅区、市场、金字塔、公共浴室、水井以及球场的位置，它们均相距不远。一条条街道交错纵横，将各个区域连接在一起，人们很容易就能前往各个地方。

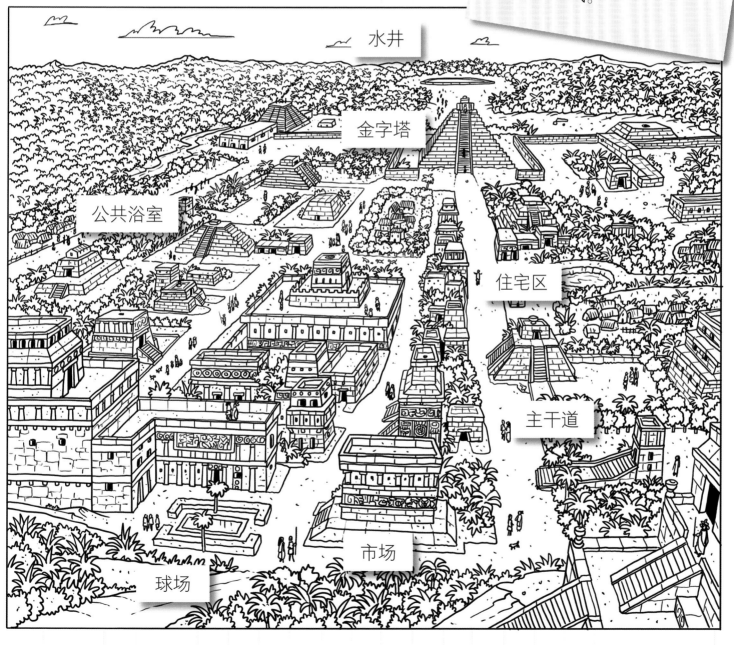

水井

金字塔

公共浴室

住宅区

主干道

市场

球场

古代建筑体验馆

书籍和图片可以帮助我们了解古代人的生活，但并不能告诉我们全部细节。如今，一些地方出现了古建筑体验馆，能够还原古村落的原貌。

韩国首尔附近有一座北村韩屋村就是为此而设计的，它复原了韩国古代村落的样貌、气味和声音。其中包括各种各样的传统建筑，比如这座屋顶铺着茅草、建有门廊的韩屋，看起来简直像是600年前建成的一样。

有时，这些"活"的博物馆里，还有身着传统服装的人在各种场景中进行表演，展示古代人如何生活。演员们可能会邀请游客体验古代人工作或上学的生活。他们还会带着游客做手工、烹饪和品尝食物。

瑞典的斯堪森博物馆，一间满是木桌子的旧教室

传统的巴塔克人住房

印度尼西亚苏门答腊岛的胡塔博隆博物馆也有当地传统的音乐和舞蹈表演。

这里还有一些巴塔克人的房子。这种房子上层住着几户人家，下层住着他们饲养的动物。

房屋的上层搭建在木桩上，有梯子直通前门，弧形的屋顶被油漆和雕刻装饰得很美丽。

选　址

　　在古代，决定在哪里建房子是件大事。人们选择某个地点建房子，通常是出于一些特殊的原因。

　　马丘比丘是一处发现于秘鲁安第斯山脉高处的建筑群，建于500多年前。自它被发现以来，考古学家一直都在研究它，以进一步了解当时印加帝国的状况。

马丘比丘

人们认为，马丘比丘是为帕查库特克大帝修建的，是他在治理国家之余放松和休息的地方。当然，它也是一个功能完善的小型城市。印加人选择这个地方建造马丘比丘，有如下几个原因。

三面环河，四周都是悬崖峭壁的地理位置，为城市提供了天然屏障

这里有可以饲养动物、种植蔬菜和庄稼的地方

隐蔽的桥梁使人们很难进入马丘比丘，从而保护城市不被敌人袭击

泉水可以充当水源

建筑师小词典

定居点

理想的定居点一般会靠近淡水水源，有肥沃的土壤种植庄稼，方便饲养动物，还有便于防御敌人攻击的地理位置。

11

定居点需要有什么？

在选择定居点时，有几个重要的因素需要考虑。

土壤

这个地方的土壤肥沃吗？适合种植庄稼和蔬菜吗？适合发展畜牧业吗？

水源

这个地方靠近河、湖、泉或落水洞等水源吗？水源至关重要，没有水，人们就无法生存。

更多自然资源

在这个地方还能发现哪些有用的自然资源？比如，可以用于建造房屋的树木，以及可以开采的金银或钻石等矿藏。

建筑材料

    如果能在附近找到建筑材料，那么建造定居点就更容易了。像石头、黏土或木头等都是有用的建筑材料。

防卫

    好的地理位置可以使人们免受敌人或野生动物的袭击。它可以位于高处，视野宽阔，能把下面发生的事情看得清清楚楚；也可以是一个很难进入或拥有隐秘入口的地方。

气候

    气候非常重要，酷夏和严寒等恶劣的气候条件会给人们带来生存的挑战。

古代的测绘工具

　　像现代建筑师一样，古代建筑师也非常擅长数学计算。因为他们需要知道所有设计的确切尺寸，以确保建筑物安全稳固。

　　当然，他们也有辅助的工具和技术。除了纸笔以外，他们还会使用其他的工具，比如尺子、曲尺、指南针和圆规等。

指南针除了可以指示东南西北四个方向，还能定位更具体的方向

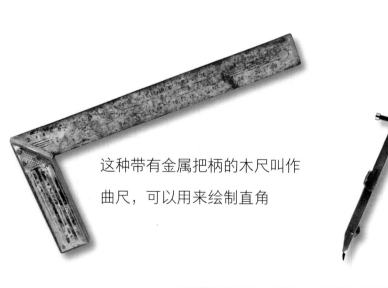

这种带有金属把柄的木尺叫作曲尺，可以用来绘制直角

圆规可以用来测距、画圆或画弧。使用时，把它的一条支腿作为支点，用另一条带笔的支腿来画图

14

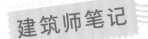

古代的建筑技术

古代的建筑队没有起重机、推土机、挖掘机或电钻等工具，他们必须凭借双手完成一切。

但他们非常聪明，创造了能够建出惊人建筑的技术。例如，在古埃及，人们无须使用机器就可以搬运巨大的石头。他们要么在湿沙子上用木橇拖着重物前进，要么将重物放在原木上，用绳子拉动重物，让原木像轮子一样转动前进。

加泰土丘：9000年以前！

9000多年前，人们曾使用泥砖建造房子，并在外墙上涂抹灰泥来抵御极端天气。在如今土耳其境内的加泰土丘遗址，那些曾经生活在这里的古代居民就很擅长建造这种建筑。

这些房子紧挨在一起，中间连一条街道也没有。这有助于冬天保暖，夏天降温。

人们通过屋顶上的洞爬下木梯，进入房子。事实上，屋顶上有很多梯子，通过梯子就可以从一间房子到达另一间房子。

在房子里，人们睡在铺着垫子和动物毛皮的地板上。为了取暖，他们大多会挨着火睡。

有些房屋会用雕像、壁画，甚至动物的头来做装饰！

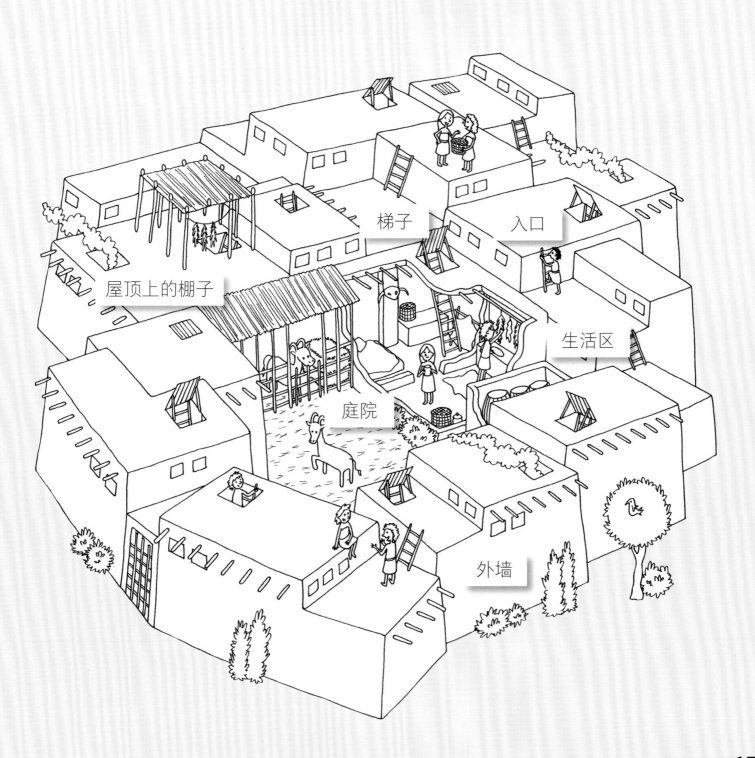

梯子

入口

屋顶上的棚子

生活区

庭院

外墙

佩特拉古城

约旦的佩特拉古城是一个美丽的地方。它也被称为玫瑰之城，因为那里的建筑是在粉红色岩石上雕凿出来的。佩特拉古城是世界上最著名的古代遗迹之一。

古城里的一些建筑已经有2000多年的历史了，但它们仍然稳稳地矗立在那里，展示着那个时代的建筑细节。那些高大的立柱、精心雕凿的屋顶装饰和壮观的门廊，都蕴含着设计者的匠心。

这些建筑一半雕凿进岩石内部，一半依托岩石建立起来。

佩特拉古城拥有良好的防御体系，因为它隐藏在巨大的岩石后面，入口通道狭窄深长，敌人难以进入。

古代的水利工程

尽管佩特拉古城位于沙漠之中，但它总是能从附近的一条溪流中取水。然而，这条溪流并不足以为佩特拉提供全年所需的水量，因为这里时常会很长时间都不下雨，导致干旱。因此，建造这座城市的人们，也研究出了蓄水和分洪的技术。

工程师们设计了坚固的水坝，以阻止水流走。他们还建造了蓄水池和水库等专门的储水设施，并修筑了长长的水渠，将水输送到全城各处。

佩特拉古城的一条水渠

渡槽是另一种设计巧妙的古代水道。它就像被高大柱子支撑起的长桥，可以将水输送到宽阔山谷的另一边。

葡萄牙的托马尔渡槽

在古代，大多数人的家里都没有浴室和厕所，他们要去公共浴室和公共厕所。

一个古代厕所

英国巴斯的古代公共浴场

21

亚特兰蒂斯

千百年来，人们一直在讲述着亚特兰蒂斯的故事。据说，那是一个美丽的国度，它由一片群岛组成，每个岛屿都由海神波塞冬的一个儿子来统治。

据说，亚特兰蒂斯是个非常富裕的国度，那里的建筑富丽堂皇，连墙壁都镶金嵌银，屋顶则由铜或其他贵重的材料构成。

亚特兰蒂斯人的生活非常幸福。他们食用自己栽种的水果，在温泉中沐浴，国家也日渐强盛。

然而，可怕的事情发生了。那或许是一场巨大的地震，或许是一次火山喷发。

整个亚特兰蒂斯在一瞬间被完全摧毁。它沉入了海底，从此消失不见了！

许多人认为这只是个童话或神话传说，但也有人真的相信亚特兰蒂斯的存在，他们至今仍然在寻找这个消失的国度。

庞贝古城

　　大约1900多年前，意大利的维苏威火山突然爆发，将附近的庞贝城完全覆盖在了火山灰和火山石之下。

　　事情发生得很快，以至于一切都被困在了原地，仿佛被凝固在了时间的长河里。很久以后，庞贝城上面的灰土被考古学家们清理干净，我们才得以了解这座古罗马城市。它几乎与被掩埋的时候一模一样。

　　城里的大多数人都生活在简陋的房子里，室内只有几个用来睡觉的房间，而且通常是几户人家住在一座房子里。

庞贝古城遗址

然而，富人的房子都很大，有门厅、储藏室、客厅、餐厅和大花园，甚至还有集中供暖、盥洗室、浴室和自来水。

庞贝城的建筑师们建造了坚固的住房、寺庙、剧院和商店。他们还修建了供旅人行走的道路，以及用于洗浴和社交的公共浴场。

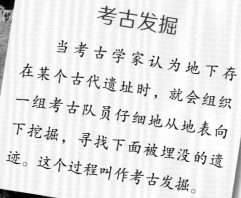

建筑师小词典

考古发掘

当考古学家认为地下存在某个古代遗址时，就会组织一组考古队员仔细地从地表向下挖掘，寻找下面被埋没的遗迹。这个过程叫作考古发掘。

古罗马的工程技术

古罗马人在建筑、工程和技术方面的成就闻名全世界。

古罗马的工程设计水平非常高，影响了之后好几个世纪，甚至对现代设计也很有启发，比如我们的房屋供暖方式、道路修建方式，以及房屋的装饰方式。

古罗马地热系统（上）与现代地热系统（下）

建筑师小词典

地热系统

这是一种集中供暖方式，通过埋在地板下面的注满水的管道来供暖。当水变暖时，地板也会变暖。热量向上传递到空气中，从而提高室内温度。

现代道路

罗马块石路面

古罗马镶嵌艺术

西班牙巴塞罗那的现代镶嵌艺术

动手设计马赛克

马赛克是用小瓷砖拼成的图案，庞贝人将这些图案镶嵌在家里的地板和墙壁上。你也可以创作自己的马赛克。

1.把不同颜色的纸剪成小方块。

2.在一张大纸上，画出图案的轮廓。

3.用彩色小方块组成线条、阴影和图案，把它们粘贴到轮廓图上。

《古代建筑奇迹》

高耸的希巴姆泥塔、神秘的马丘比丘、粉红色的"玫瑰之城"佩特拉、被火山灰"保存"下来的庞贝古城……

一起走进古代人用双手建造的奇迹之城，感受古代建筑师高明巧妙的设计智慧！

你将了解： 棋盘式布局　选址要素　古代建筑技术

《冒险者的家》

你有没有想过把房子建到树上去？

或者，体验一下住在大篷车里、帐篷里、船屋里、冰雪小屋里的感觉？

你知道吗？世界上真的有人在过着这样的生活。他们既是勇敢的冒险者，也是聪明的建筑师！

你将了解： 天然建筑材料　蒙古包的结构　吉卜赛人的空间利用法

《童话小屋》

莴苣姑娘被巫婆关在哪里？塔楼上！

三只小猪分别选择了哪种建筑材料来盖房子？稻草、木头和砖头！

用彩色石头和白色油漆，就可以打造一座糖果屋！

建筑师眼中的童话世界，真的和我们眼中的不一样！

你将了解： 建筑结构　楼层平面图　比例尺

《绿色环保住宅》

每年都会有上亿只旧轮胎报废，它们其实是上好的建筑材料！

再生纸可以直接喷在墙上给房子保暖！

建筑师们向太阳借光，设计了向日葵房屋；种植草皮给房顶和墙壁裹上保暖隔热的"帽子"、"围巾"……

你将了解： 再生材料　太阳能建筑　隔热材料

《高高的塔楼》

你喜欢住在高高的房子里吗？

建筑师们是怎么把楼房建到几十层高的？

在这本书里，你将认识各种各样的建筑，还会看到它们深埋地下的地基。你知道吗？建筑师们为了把比萨斜塔稍微扶正一点儿，可是伤透了脑筋！

你将了解： 楼层　地基和桩　铅垂线

《住在工作坊》

在工作的地方，有些人安置了自己小小的家，这样，他们就不用出门去上班了！

在这本书中，建筑师将带你走入风车磨坊、潜艇、灯塔、商铺、钟楼、土楼、牧场和宇宙空间站，看看那里的工作者们如何安家。

你将了解： 风车　灯塔发光设备　建筑平面图

《新奇的未来建筑》

关于未来，建筑师们可是有许多奇妙的点子！

立体方块房屋、多边形房屋、未来城市社区、海洋大厦……这些新奇独特的设计，或许不久就能变成现实了！

那么，未来的你又想住在什么样的房子里呢？

你将了解： 新型技术　空间利用　新型材料

《动物建筑师》

一起来拜访世界知名建筑师织巢鸟先生、河狸一家、白蚁一家和灵巧的蜜蜂、蜘蛛吧！它们将展示自己的独门建筑妙招、天生的建筑本领和巧妙的建筑工具。没想到吧，动物们的家竟然这么高级！

你将了解： 巢穴　水道　蛛网　形状

《长城与城楼》

万里长城是怎样建成的？

城门洞里和城墙顶上藏着什么秘密机关？

为了建造固若金汤的城池，中国古代的建筑师们做了哪些独特的设计？

你将了解： 箭楼　瓮城　敌台　护城河

《宫殿与庙宇》

来和建筑师一起探秘中国古代的园林和宫殿建筑群！

在这里，你将认识中国园林、宫殿和佛寺建筑的典范，了解精巧的木制斗拱结构，还能和建筑师一起来设计宝塔。赶快出发吧！

你将了解： 园林规则　斗拱　塔

出品　中信儿童书店

图书策划　火麒麟

策划编辑　范萍　张旭

执行策划编辑　张平

责任编辑　邹绍荣

营销编辑　曹灵

装帧设计　垠子

内文排版　索彼文化

出版发行　中信出版集团股份有限公司

服务热线：400-600-8099 网上订购：zxcbs.tmall.com

官方微博：weibo.com/citicpub 官方微信：中信出版集团

官方网站：www.press.citic

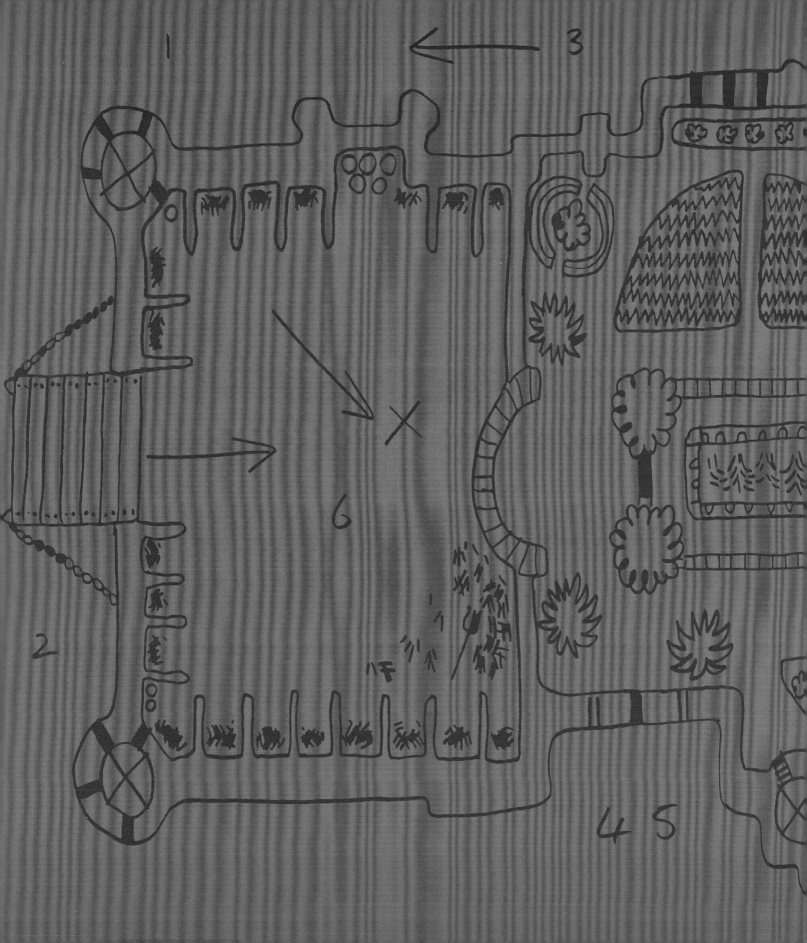